我 的 第 一 本 科 学 漫 画 书

科学实验王

升级版

KEXUE SHIYAN WANG

15 地震与火山

DIZHEN YU HUOSHAN

[韩] 小熊工作室/著
[韩] 弘钟贤/绘
徐月珠/译

二十一世纪出版社集团
21st Century Publishing Group

通过实验培养创新思考能力

少年儿童的科学教育是关系到民族兴衰的大事。教育家陶行知早就谈到："科学要从小教起。我们要造就一个科学的民族，必要在民族的嫩芽——儿童——上去加工培植。"但是现代科学教育因受升学和考试压力的影响，始终无法摆脱以死记硬背为主的架构，我们也因此在培养有创新思考能力的科学人才方面，收效不是很理想。

在这样的现实环境下，强调实验的科学漫画《科学实验王》的出现，对老师、家长和学生而言，是件令人高兴的事。

现在的科学教育强调"做科学"，注重科学实验，而科学教育也必须贴近孩子们的生活，才能培养孩子们对科学的兴趣，发展他们与生俱来的探索未知世界的好奇心。《科学实验王》这套书正是符合了现代科学教育理念的。它不仅以孩子们喜闻乐见的漫画形式向他们传递了一般科学常识，更通过实验比赛和借此成长的主角间有趣的故事情节，让孩子们在快乐中接触平时看似艰深的科学领域，进而享受其中的乐趣，乐于用科学知识解释现象，解决问题。实验用到的器材多来自孩子们的日常生活，便于操作，例如水煮蛋、生鸡蛋、签字笔、绳子等；实验内容也涵盖了日常生活中经常应用的科学常识，为中学相关内容的学习打下基础。

回想我自己的少年儿童时代，跟现在是很不一样的。我到了初中二年级才接触到物理知识，初中三年级才上化学课。真羡慕现在的孩子们，这套"科学漫画书"使他们更早地接触到科学知识，体验到动手实验的乐趣。希望孩子们能在《科学实验王》的轻松阅读中爱上科学实验，培养创新思考能力。

北京四中 物理教研组组长 物理高级教师 厉璀琳

伟大发明大都来自科学实验!

所谓实验,是为了检验某种科学理论或假设而进行某种操作或进行某种活动,多指在特定条件下,通过某种操作使实验对象产生变化,观察现象,并分析其变化原因。许多科学家利用实验学习各种理论,或是将自己的假设加以证实。因此实验也常常衍生出伟大的发现和发明。

人们曾认为炼金术可以利用石头或铁等制作黄金。以发现"万有引力定律"闻名的艾萨克·牛顿(Isaac Newton)不仅是一位物理学家,也是一位炼金术士;而据说出现于"哈利·波特"系列中的尼可·勒梅(Nicholas Flamel),也是以历史上实际存在的炼金术士为原型。虽然炼金术最终还是宣告失败,但在此过程中经过无数挑战和失败所累积的知识,却进而催生了一门新的学问——化学。无论是想要验证、挑战还是推翻科学理论,都必须从实验着手。

主角范小宇是个虽然对读书和科学毫无兴趣,但在日常生活中却能不知不觉灵活运用科学理论的顽皮小学生。学校自从开设了实验社之后,便开始经历一连串的意外事件。对科学实验毫无所知的他能否克服重重困难,真正体会到科学实验的真谛,与实验社的其他成员一起,带领黎明小学实验社赢得全国大赛呢?请大家一起来体会动手做实验的乐趣吧!

目录

第一部 分崩离析 10

【实验重点】水的循环过程；热的传播方向；

对流的原理

金头脑实验室 制作褶皱地层；制作断层

第二部 分裂的盘古大陆 33

【实验重点】地球内部的构造；地震的原理；

大陆板块移动

金头脑实验室 改变世界的科学家——阿尔弗雷德·魏格纳

第三部 破裂的友谊 62

【实验重点】认识里氏地震规模；震源与震中；海啸

金头脑实验室 地震来时怎么做才安全？

第四部 爆发之谜 92

【实验重点】地球的进化过程；使地球移动的对流；

板块构造论；火山爆发的原理

金头脑实验室 制作简易地震仪

第五部 **黎明的力量** 132

【实验重点】火山喷发的壮观景象

金头脑实验室 用豆浆观察板块的移动

第六部 **合体的一天** 162

【实验重点】盘古大陆理论；大陆漂移说

金头脑实验室 地球的构造；地震的真实面貌；

火山的真实面貌

人物介绍

范小宇

所属单位： 黎明小学实验社

观察内容：

· 准备迎战之际，意外察觉到黎明小学实验社弥漫着一种不寻常的氛围。

· 因为艾力克的一句"每个人都是自私的"，开始认为周围都是企图利用自己来达到目的的人。

· 拜访渐行渐远的朋友们，并主动伸出友谊之手。

观察结果： 为了化解纠缠不清的矛盾，以正义之名挺身对抗邪恶势力。

江士元

所属单位： 黎明小学实验社

观察内容：

· 受到身体状况不佳的影响，个性变得更加孤僻。

· 通过代替小宇当实验助手的过程，深刻体会到小宇的辛劳和价值。

· 尽管高烧不退且感到身心俱疲，仍凭着坚强的毅力始终坚持不请假、不缺课。

观察结果： 虽然外表看起来极度冷酷无情，但比任何人都需要他人的关怀。

罗心怡

所属单位： 黎明小学实验社

观察内容：

· 总是站在他人的角度主动提供协助。

· 排除万难决定主动协助生病的士元，却遭到士元无情的批评，因而受到莫大的打击。

· 得知聪明仰慕小倩的事实后，感到十分惊慌。

观察结果： 自认比任何人更加了解小倩的心情。

何聪明

所属单位：黎明小学实验社

观察内容：

· 看不惯始终冷漠对待小倩的小宇，于是宣布与小宇绝交。

· 尽管愿意尊重小倩，但没办法认同能力不及自己的小宇。

观察结果：虽然一开始对小宇有些误会，但最终还是对充满善意的小宇打开心房。

刘真

所属单位：久万小学实验社

观察内容：

· 每当面对第三轮比赛的对手小宇时，总觉得很难继续用以往的模式相处。

· 自从和小宇成为竞争对手后，为了避免他人不必要的误会，便开始刻意回避小宇，却在背后默默地协助小宇。

观察结果：由于比赛因素，目前暂时和小宇保持距离，但内心深处依然挂念着小宇。

林小倩

所属单位：黎明小学跆拳道社

观察内容：

· 极力争取向小宇表达心意，却因为过度紧张，反而误了大事。

· 没有错过宛如奇迹般降临的又一次机会。

观察结果：尽管明白小宇的心意和自己截然不同，但并不觉得遗憾，而是变得更加成熟。

其他登场人物

❶ 黎明小学实验社的和事佬——柯有学老师。

❷ 一心盼望校队能够晋级锦标赛的黎明小学校长。

❸ 被黎明小学莫名其妙的气势压倒的太阳小学校长。

❹ 相信每个人都自私的艾力克。

第一部 分崩离析

没……没错。

原来你是黎明小学实验社的成员啊？

哦………

嗯、嗯……

不好意思，我……我是……

紧张

不安

比赛期间，应该不宜和对手保持太过亲密的接触吧？

惊吓！

呃，江士元！

啊……我看我还是不要去参加你们的庆功宴了。

你应该也了解士元的个性吧？

尴尬

尴尬

好……好吧，就这么……决定吧！

改……改天见。

谢谢你哟！

尴尬

尴尬

尴尬

尴尬

咦?是……是!

不……不是!

什么?

呼呜

惊慌

这样才对嘛!你看得懂老师画的图是什么吧?

是,这应该是……

心怡今天不太正常。

看起来像是海水蒸发后形成云层,

云层降下雨水,之后再回到海洋。

哗啦啦啦

哗哗哗

没错,完全正确!

地球的水并不会停留在一个地方,而是不断地在大气、陆地、河川和海洋之间进行循环。

以不同形式在地球进行循环……好酷哟!

那除了水以外呢?您刚才说地球的所有物质都在进行循环……

画圆

画圆

好，
是哪一种呢？

答……
答案是……

对流！

因为热随着升温的水流移动，所以答案是通过物质的移动来传导热的对流现象。

没错，正确答案。地球的物质在进行循环的过程中，扮演最关键角色的就是对流。

比如空气的对流、海水的对流、大陆的对流等等，地球不断地进行着循环。

大陆？
不就是陆地吗？

陆地怎么可能会对流呢？

转转转转

关于你的疑问，我们就移到户外实验地来为你解答吧！

待会儿我会列出一张准备物品的清单，小宇，你可以帮老师准备一下吗？

这么重要的任务当然是非我莫属啰！

你们听到了吗？这意味着老师认为唯一值得信任的学生，就是我范小宇！

盖

哈哈哈哈

……

这些家伙到底是怎么了？

冷淡

其中也包含非常危险的药品，你要格外小心哟！

老师您放心。

哈哈哈哈

嘿嘿嘿嘿

看来我的身体还没有完全康复，这样下去是很难撑到第三轮比赛的……

或许我能够帮助小倩。

是小宇，还是小倩？对我来说，这两者都一样重要……我该怎么办呢？

实验1　制作褶皱地层

　　造山运动指地壳局部受力、岩石急剧变形而大规模隆起形成山脉的运动，台湾岛、富士山、阿尔卑斯山，甚至喜马拉雅山脉等，都是造山运动的结果。

　　褶皱作用会让地层形成波纹状的弯曲，尤其以沉积岩地形最为明显。现在我们就通过一项简单的实验，进一步探究地层褶皱的形成过程吧！

准备物品： 吐司面包3片 、刀子 、花生酱 、草莓酱

❶ 先将吐司面包的边缘切除，只留下白色部位。

❷ 在吐司面包表面涂上一层厚厚的花生酱，叠上另一片吐司面包，再涂抹一层草莓酱，接着再叠上第三片吐司面包。

❸ 用双手握住叠起来的吐司面包，并将力量慢慢往中间集中。

❹ 吐司面包受到外力后，中间部位便会形成弯曲的褶皱。

围绕着地表的坚硬地壳，分裂为若干个地块，并且漂浮在软流圈上缓慢移动，我们把这些移动的地块称为"板块"。板块与板块之间彼此相撞时，便会使岩石产生弯曲变形，这种现象就是"褶皱作用"。弯曲变形的褶皱也会进一步形成数个高耸险峻的

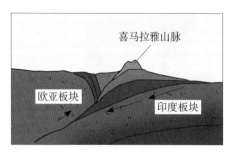

喜马拉雅山脉的形成原理

褶皱山地。受欧亚板块和印度板块挤压而形成的喜马拉雅山脉，至今仍然受到褶皱作用的影响，其海拔高度每年都以缓慢的速度持续增高。

实验2　制作断层

地层受到挤压会产生褶皱现象，当褶皱现象持续不断，最终达到无法承受的状态时，就会导致岩层断裂并移动。岩层断裂并沿断裂面发生相对的移动称为断层，而地震就是形成断层时产生的撞击所造成的。现在我们就通过一项简单的实验，进一步确认断层的现象和原理吧！

准备物品：大而平坦的泡沫塑料板

❶ 双手紧紧抓住泡沫塑料板，并试着慢慢使其弯曲。

❷ 接着多施加一点力量，并观察泡沫塑料板的反应。

❸ 试着体验泡沫塑料板碎裂时双手的触感。

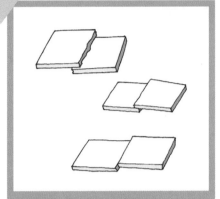

❹ 将碎裂的泡沫塑料板以各种方向排列。

这是什么原理呢？

　　岩石在地壳运动的巨大压力下，因为自身强度无法承受而发生断裂，产生断层。断层和褶皱现象一样，都是由板块的移动而形成的。漂浮在地幔上层的板块，彼此之间会出现互相碰撞或擦肩而过等情形，此时断层线就会出现在两个板块的临界线。位于断层线周围的岩石受到压力时，会产生龟裂的现象。因为压力的增强导致岩石碎裂而产生位移时，就会产生地震。

　　断层面两侧沿断层面发生位移的岩块称为断盘。以断层面为基准，在断层面以上的断盘称为上盘，以下的断盘则称为下盘；而随着压力（或张力）作用于地层的方向不同，断层会具有不同的形态。

　　断层的种类包括：1.断层发生时，上盘相对于下盘沿断层面向下滑动的正断层；2.上盘相对于下盘逆着重力往上推移的逆断层；3.断层两边的断盘沿着断层做水平方向相对运动的平移断层。

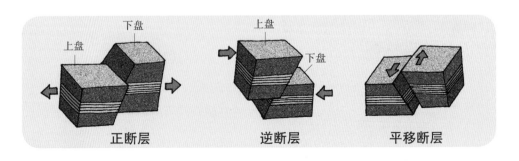

正断层　　　　　逆断层　　　　　平移断层

第二部 分裂的盘古大陆

用完午餐后，大家就在户外实验地集合。

好。

……

同学们，等一下！我有话要跟你们说。

嗯？

嗯哼!

哈哈哈

我决定今天特别提供一个好机会，让你们可以参与准备户外实验物品的任务!

只有三个名额!

你就直接请我们帮你好了，何必这样拐弯抹角呢?

好啊，一个人的确会很吃力的。

我们来帮你好了。

黑黑黑

我就说嘛，你们也非常希望参与这么重要的任务，对吧?

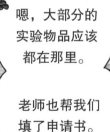

我们是不是要去实验室准备物品呢?

嗯，大部分的实验物品应该都在那里。

老师也帮我们填了申请书。

再加上你来帮我，一定会事半功倍的!

小宇!

啊，对了!

士元，等一下！你需要有人扶着你……

我们该有人……

去帮助士元才对吧？

心怡，你去帮他好了，我留下来帮小宇。

真的？

那我就去啰，这里就麻烦你们了。

好的。

好……

别担心。

小宇，抱歉。

待会儿见。

啊，好有爱心哟！仿佛看到了一个照顾病患的白衣天使！

我好羡慕生病的士元哟！

士元，等等我！

我们走吧！

39

哼，我又不是没有一个人准备过实验物品。

咬牙……

顿住

哼……

刘真？

呃……

你要去吃午餐吗？你的队友呢？

他……他们先过去了，我……刚收拾好东西。

你们好认真哟！

不过，我们竟然要在比赛中交手！

嗯……

餐厅

你要做好心理准备哟！

今天下午，我们将要进行一项很精彩的赛前模拟实验，并且由我负责准备物品的任务。

碎碎

清单上写了一项"重铬酸铵"，这种药品我可是从来没有听过呢！

这……

那……那我先告辞了。

队友们正在等我……

哈哈

你不是要去吃午餐吗？

我……我现在还不是很饿。回头见。

咕噜噜 咕噜

塔塔塔塔

咕噜噜

咕噜咕噜

可是我明明听到了咕噜噜的声音啊！

什么嘛，连刘真都……

怎么大家全都变了一个样呢？

简直是莫名其妙！

44

45

人本来就是优先考虑自己的利益。

人类本质上就是一种自私的动物，就这么简单。

所以你不必为此感到愤愤不平。

人类本质上就是一种自私的动物？

人类普遍认为自身的利益、自己的感觉、自己所要的东西是最重要的。

当然也包括我在内。

拿起

危险

重

你也不例外。

你在找的是这一罐吗？

重铬

嗯，原来它躲在那里啊！

哇！

就用这一个好了。

你拿豆浆做什么?

好想喝一口。

哗啦啦

嘶——

地球内部的结构,

是由内核、外核、地幔,以及最表面的地壳所构成。

黑······

这些到底是什么东西啊?地核?地幔?

你是说地球的内部含有这些东西吗?

内核 外核 地幔

啊!没······没错,我好像也听说过。

改变世界的科学家——阿尔弗雷德·魏格纳

阿尔弗雷德·魏格纳（Alfred Lothar Wegener）是德国的气象学家，也是地球物理学家。他通过对地表形态的相关研究，发表了大陆漂移说，由此奠定了板块构造学的基础。他在观察世界地图的过程中，偶然发现非洲西岸和南美洲东岸的轮廓彼此非常吻合，因而开始猜想从前的大陆极有可能是一体的。后来，他以这种假设为基础，多方收集实证资料，最终提出"大陆漂移说"，并于1915年出版了《海陆的起源》一书，推广自己的理论。魏格纳作了一个很浅显的比喻。他说："如果两片撕碎了的报纸按其参差的毛边可以拼接起来，且其上的印刷文字也可以相互连接，我们就不得不承认，这两片破报纸是由完整的一张撕开得来的。"

阿尔弗雷德·魏格纳
(1880 — 1930)
德国地球物理学家，发表大陆漂移说，奠定了板块构造学的基础。

魏格纳认为地球自转引起的离心力，是使大陆由南极朝赤道方向移动的力量。但事实上这个力量并没有大到能使大陆移动，而魏格纳本人也非常清楚这个说法不完整。魏格纳为了寻求大陆移动的证据，曾经四次远赴格陵兰探险。在50岁生日那天，他与一名队员在回营地取物资的途中不幸遇难，而他的学说也随之沉寂。

魏格纳逝世30年之后，对于地球磁场和海洋地质的研究证实了大陆的确发生过大规模移动，再加上其他新的证据，魏格纳的大陆漂移说终于被世人所接受，并于20世纪50年代后期重新受到重视。

2.5 亿年前的盘古大陆

现在的六块大陆

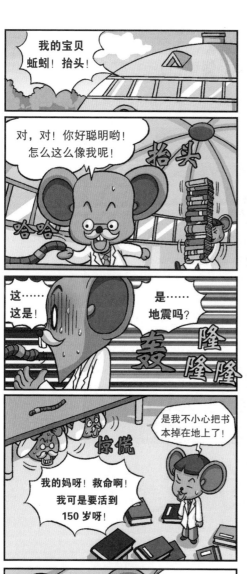

我的宝贝蚯蚓！抬头！

对，对！你好聪明哟！怎么这么像我呢！

抬头

哈哈

这……这是！

是……地震吗？

轰隆隆隆

是我不小心把书本掉在地上了！

惊慌

我的妈呀！救命啊！我可是要活到150岁呀！

怪不得我的宝贝蚯蚓都没什么反应。

安静

我看它应该是被你给玩死了吧！

可惜到目前为止，还没有一项科学技术能够准确预测地震来袭的时间或地点。然而，科学家们不约而同强调的是："地震不可能没有前兆。"

轰隆隆隆

也就是说，在大型地震发生前，一定会出现地震的前兆。

蟾蜍集体迁移

蛇的出没

尤其因为动物的敏感度远高于人类，所以在发生地震前，它们常会出现异常的举动。

另外，我们也可以从地震光或地震云的现象来推测地震发生的可能性。

但是，始终无法从科学的角度来预测地震发生的时间或地点。

这项艰难的任务，就交给我G博士去完成吧！

研

破裂的友谊

66

哎呀！

我惨了，彻底破碎了！

对不起！

我……我来收拾。

不，你先退到后面去。

这些东西不能随便碰。

嗯……嗯。

你有话就直说。

东看看

嗯?

人呢?

西看看

嗖

呃?何聪明!

……

转头

你终于良心发现啦?

好，如果你愿意来帮我，我就再给你一次机会。

正好也需要烧杯。

起身

逼近

逼近

73

地震是地球上的天然灾害中，

规模和破坏力最大的一种。

历史上规模最大的地震是发生在智利的里氏规模9.5大地震，造成数万人死伤……

里氏规模？里氏规模是……

里氏规模是什么来着？

……

这家伙！

……

里氏规模！里氏规模！啊，找到了！

我才不要求助别人！

所谓里氏规模，

指的是地震的大小，也就是震源当地释放出的能量。

规模	地震的灾害
1.9	只能用地震仪侦测到。
2.9	悬吊的物体会摇晃。
~3.9	类似货车经过时产生的震荡。
4~4.9	窗户破裂、小型物体会坠落
5~5.9	家具晃动，建筑物受损。
6~6.9	对建筑物造成严重破坏。
7~7.9	地表龟裂、大部分建筑物崩塌。

一般规模达到4.5，窗户会摇晃。

达到7.5时，建筑物会崩塌。

轰隆隆
轰隆隆

是吗？我也一样！

都怪我自己看走了眼！

里氏规模达到9.0以上，几乎等于是完全摧毁……

轰隆隆隆隆隆隆

集中！集中！

如果不想被人看不起，就得用功！

专注……

地震与灾害

地震发生在固定的区域，地震开始发生的地点称为震源，

震源正上方的地面，则称为震中，而震中也是地震造成的灾害最为严重的地区。

震中

震源

特异功能

哎呀呀呀

没错，无缘无故来找我麻烦的聪明，

就是引发这场绝交灾难的震源。

我可是这场灾难中最无辜的受害者！

竟然当面对我宣布绝交！

你以为我会怕你啊？

发飙！

我才不需要你这种烂朋友！

唉……好吵哟！

我看看，距离上课时间还剩6分钟！

只要花1分30秒找到实验物品！

果然是安然无恙！

再花2分钟找到重铬酸铵之后，

原来你在这里等我啊！

只要在2分钟内抵达户外上课地点，就还剩30秒！

你们又迟到啦！

哈哈哈哈

超完美计划！

虽然时间很充足，但我还是跑着好了。

嗯？

哼。

这是聪明的背影吗？

哈啊……

哈啊……

没办法了，只好勇敢去面对了。

先跟大家表达我的歉意，

哈哈

然后再跟大家说明，事情之所以会演变成这样，

全都是因为聪明。

跨步 向前

小宇迟到了呢！

他来了。

小宇，我们在这里！

不好意思，丢下你一个人去准备实验物品。

这……这个嘛……

慌……

辛苦你啦！

我们正准备去找你呢！

发生了什么事？你的表情怪怪的！

你先穿上实验服吧！

尴尬……

老师，对不起。

其实……

其实怎样？

我……我……

我没有把实验物品带过来！

我因为一时糊涂，不小心把全部的东西丢在路旁，

哭泣

后来火速赶去一看，

结果东西全都不见踪影了！

都是⋯⋯我的错。

⋯⋯

你是指那些东西吗？

咦？

指

呃？

咚

它怎么会在那里呢？

地震来时怎么做才安全?

环太平洋地震带[1]是一个围绕太平洋经常发生地震和火山爆发的地区，有一连串海沟、列岛和火山，板块移动剧烈。它像一个巨大的环，围绕着太平洋分布。该地震带发生的地震约占全球地震总数的80%，集中了全世界80%以上的浅源地震(0~70千米)、90%的中源地震(70~300千米)和几乎全部的深源地震(300~700千米)。

日本在2011年3月11日14时46分（当地时间），发生了日本有观测记录以来强度最高的地震，震中位于宫城县以东太平洋海域，距仙台市约130千米，震源深度约30千米，并引发巨大海啸。此次地震加上海啸，使福岛第一核电站严重受损，引发了核泄漏的危机，让全世界都密切关注这个"千年一次"的大震灾。

地震灾害与应变措施

地震的直接灾害指的是发生地震时，地表龟裂或建筑物崩塌等灾害；而次生灾害是指发生直接灾害之后，火灾、水灾、毒气泄漏、瘟疫等衍生的灾害。

直接灾害应急措施

设计建筑物时，应加强抗震能力，并增加防震设施，以避免建筑物受到地震的损害。

次生灾害应急措施

使用瓦斯、汽油或化学原料等易燃性物质的工厂，必须要设置能够在地震发生时使用的各种防火避难设施，还要事先备妥紧急粮食等救灾物资。

注[1]：本词条参考百度百科，由"科普中国"科学百科词条编写与应用工作项目审核。

地震发生时的注意事项

1. 保持镇定并迅速关闭电源、瓦斯开关，以防止火灾发生。

2. 要把避难处的门打开，以免门变形而无法打开，导致错过逃生的机会。

3. 用软垫保护头部，寻找坚固的庇护所，例如：坚固的桌子底下、墙角、支撑良好的门框下。

4. 地震发生时容易断电，勿使用电梯，以免受困，应走逃生梯。

救命啊！

5. 远离在建中的建筑物、电线杆、围墙，以及未经固定的售货机等。

不要停，继续跑！

6. 如果身在郊外，应远离崖边、河边、海边，找空旷的地方避难。

爆发之谜

哇哈哈，惹人厌的太阳小学校长，你就等着被我修理吧！

嘻嘻 嘻嘻 嘻嘻 嘻嘻

呀！

你说要把我怎么样？

咚……

嗖 嗖 嗖

你怎么会跑来这里？

阿……

我……我怎么会躲起来呢？

这里怎么这么脏啊？

那你又怎么会跑来这里？

呼 呼 擦 擦

95

黎明小学校长，你给我站住！

抓

啊？

那我陪你去加油好了。

多一份加油，才能达到两倍的效果，是吧？

有……有这个必要吗？我看不必了吧……

做人本来就是要将心比心的嘛！

你先回去吧！

好。

假借加油之名试探黎明小学的实力，或许也是一个不错的方法呢！

呵呵呵呵……

老兄，我真的不需要你替我们加油啊……

101

我打算在你们当中选一位对每一个人都了如指掌的人作为代表。

所谓代表实验社，意味着代表实验社每一位成员的想法。

所以……

太好了！老师，我们可以通过测验来筛选吗？

正所谓黎明小学实验社成员测验竞赛！

实验社代表选拔大赛

这个主意是不错，

奖品

不过我想以角色互换的方式，

来选出这一次的代表。你们觉得如何？

角色……互换？

咦？

对，这里面装有你们每个人的名牌。

方法很简单，抽到谁的名牌，就扮演那个人的角色。

角色扮演最出色的人，就以代表的身份接受采访，怎么样？

扮演他人的角色？

紧张

那万一抽到的是自己的名字……

一闪

就是铁定获胜啰！

老师，我要先抽！

仲

好……好啊！

我可是有神明保佑的呢！

翻来

翻去

这次换我……

严肃

抽出

就剩下这一张了。

罗心怡

我的角色
是……
心怡？

何聪明

我是聪明！

扮演士元的角色，
这也太难了吧？

江士元

江士元

范小宇

呃！

颜料

好，大家都清楚自己
该扮演什么样的角色了吧？

我们就开始进行实验吧？

呼呼呼呼……

老师，我……

就由我们来帮你解决这个问题吧！

坐立不安

谢谢您愿意助一臂之力。

守……

这下子事情不妙了呢！

我投给江士元

当然是江士元

最佳人选江士元

沙沙

好，我们就准备前往实验地点吧！

好！

哦哦哦

是，老师。

心怡在实验社可是扮演着最重要的角色。她不仅懂得以简单明了的方式说明实验，并且总是懂得鼓励每一个人。

啊哈

罗心怡

实验结果是……

聪明扮演的角色？啊，他最大的专长是撰写实验报告书，那这次就换我来……

写写

何聪明

聪明，你的笔记本和笔可以借我用一下吗？

何聪明

呃，好啊！你拿去吧！

江士元

我能够办得到吗？

士元可是我们团队的核心人物，主导整个实验的进行，说明应用于实验的理论，这一切都是士元在扮演的角色……

范小宇的角色……

呜嘎

哼……

范小宇

没问题！

你尽管交给我好了！

呃，好的！

范小宇

延续上午的实验，下午要来进行一项关于对流的实验，

呼呼呼

范小宇

你的动作未免也太慢了一点吧？

在这之前，

先来整理一下上午讲过的内容吧。

啊！这平常是心怡的任务。

好！老师提过，

地球的所有物体都在进行循环！

水是以降雨和云层等形态在地球上进行循环。

画圆画圆

罗心怡

除了水之外，大气、海洋和陆地也同样在进行循环，而循环的最大原因是对流现象。

111

啊，对了！

您说过要通过户外实验来说明大陆板块如何进行对流。

哦，好极了，范小宇！

你帮老师整理得非常好。这次的实验是由地幔的对流现象所引发的……

对吧？

黑黑……

呼……

火山爆发实验。

紧张

火山爆发实验？

这项实验具有爆发的风险，考虑到你们的安全，

现在就由老师亲自示范，你们要仔细观察哟！

好！

佩戴

火山爆发……实验……很危险。

写写

不过老师，火山爆发是岩浆从地壳的间隙喷出的现象，

而对流则是气体或液体通过直接流动来传热。

火山爆发实验和对流之间有什么关联呢？

嗖嗖嗖嗖

冷的气体

热的气体

罗心怡

吃惊

啊，这个时候通常都是士元来说明的……

当然有关联。

我不太清楚……

江士元

啊……

斜视

哼！

距离现在

约46亿年前的地球……

是由岩浆覆盖着整个地表。

之后随着逐渐冷却，才出现了最初的地壳。

而地壳下层则形成了一层围绕着高温外核的岩层——地幔。地幔不同于地壳，它虽然也是固体，但是能够移动[1]。

地幔会移动？

由于受到外核高温的影响，地幔的下半部呈现高温的状态，

但接近地壳的上半部，则呈现低温的状态。

具有这种温差的地幔，便以重复上升与下降的方式进行循环。

那……那是对流？

所……所以！

114　注[1]：就像黏土一样，在高压下会改变结构而缓慢流动。

119

那谁可以先告诉我火山爆发的原因呢?

呼呼呼……

火山爆发是……

江士元

没错! 实验还没有完全结束!

江士元

岩浆在地底下以缓慢的速度朝着地表攀升的过程中,

因为再也无法承受热和压力,导致蹿出地表。

轰隆隆隆

砰!

岩浆

熔岩

而岩浆通过火山爆发流出后,就会变成熔岩。

那这位扮演士元角色的学生!

你可以告诉我这项实验和实际火山爆发的共同原理吗?

呼呼……

吃惊

咦?

123

124

125

制作简易地震仪

实验报告	
实验主题	通过简易地震仪，探究地震仪能够记录地动的原理。
准备物品	❶ 白纸一张 ❷ 细绳 ❸ 签字笔 ❹ 黏土 ❺ 铁制支架 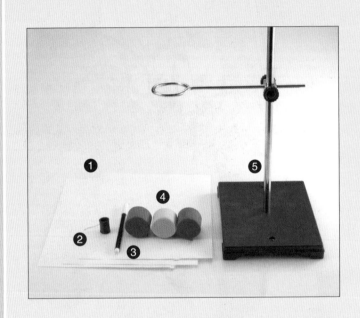
实验预期	以重锤形式悬吊的签字笔，会借助惯性在纸上记录下地动过程。
注意事项	❶ 将签字笔悬吊在支架上时，必须调整细绳的长度，使其接触白纸。 ❷ 为了正确记录地动，利用黏土使签字笔固定于中心点，以避免重锤倾斜。

实验方法

❶ 先用细绳捆绑签字笔。

❷ 除了签字笔的笔头部位外，用黏土紧紧裹住签字笔，作为重锤。

❸ 将重锤悬吊于铁制支架上，并将白纸放置在签字笔笔头的正下方。

❹ 一个人负责压住支架底部使其左右晃动，另外一个人则负责把白纸慢慢往自己的方向拉。

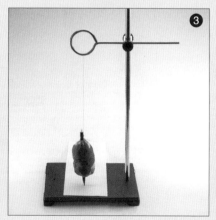

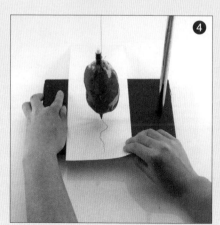

实验结果

随着铁制支架的晃动，一条曲线呈现在白纸上。

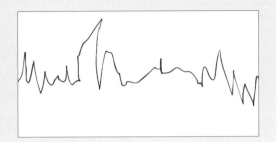

这是什么原理呢?

　　地震仪是一种利用牛顿第一运动定律（惯性定律）的仪器。依据定律，除非有外力施加，物体的运动速度不会改变。

　　重锤由于受到静止惯性的影响，随着支架的晃动在白纸上画出一条曲线。

　　相同的原理，尽管因地震的发生造成地震仪的所有部位产生震动，重锤却依然能够因为惯性保持静止状态，从而以地动方向的反方向记录地动。如果将水平分量地震仪的原理结合使用弹簧，就能够制造出记录垂直方向地动的垂直分量地震仪。

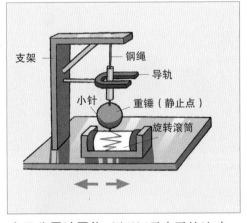

水平分量地震仪 用以记录水平的地动。

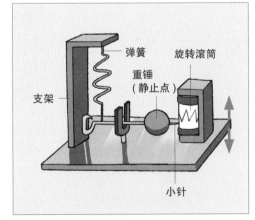

垂直分量地震仪 用以记录垂直的地动。

博士的实验室2

嗖嗖嗖

助理，你先上去吧！

博士，加油啊！我们得爬上山顶，才能完成火山研究呢！

哎呀，我不行了。你替我完成好了……

我一定会替您完成这个心愿的！

终……终于！

察！

到达山顶了！博士，我终于办到了！

嗖嗖嗖

好舒服哟！来到火山地形，就是要享受一下泡温泉的乐趣！

呼啊

火山活动停止后，其周围便会形成一个非常独特的火山地形。

山顶处会形成一个凹陷的盆地，称为火山口，有时也会蓄积雨水，形成火口湖。

火山口　　火口湖

Ubehebe 火山口　　长白山天池

还有通过火山熔岩流出所形成的熔岩高原，譬如位于美国西北部的哥伦比亚高原。

熔岩高原　　哥伦比亚高原

当熔岩在地表附近慢慢冷却时，也会收缩而形成横断面为多边形的"节理"。

柱状节理

但是，其中最值得一提的，莫过于地下水受热而形成的天然温泉啊！

舒服

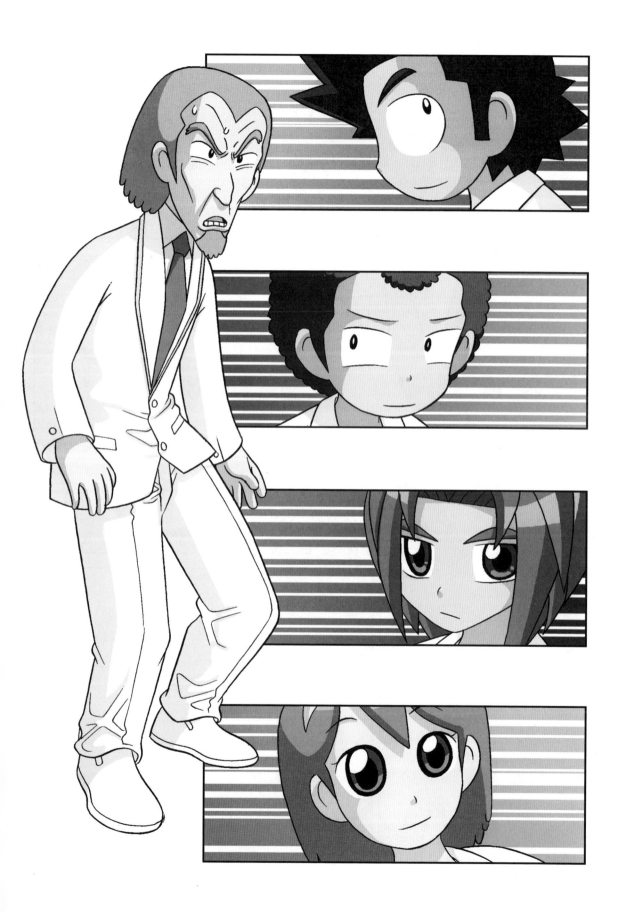

134

139

140

141

143

或许已经了解爆发原因有可能和自己的认知不一样的事实。

但或许真的有我所不知道的原因吧！

虽然我也不太清楚……

笨蛋！你是怎么搞的？

我怎么了？

没错！唯一的方法就是我以宽宏大量的心原谅他的过错！

眼镜又跑去哪里了呢？

东找西找

呃，那不是小倩吗？她怎么还待在那里呢？

其……其实我……有话想跟你说。

该不会……

是在等我吧？

沙沙

小倩……

一闪

怦怦 怦怦 怦怦

小……小宇?

范小宇!你是范小宇,没有错吧?

嗯……嗯?没错,是我。那你是小倩……

失而复得的机会,这次我无论如何都会把握机会的!

范小宇!

嗯?

153

滑落

啊！

你要小心一点啊！

啊！

取下

这……
小倩……

这块金牌是我辛苦
付出得到的奖励。

请你把它收下，
这代表我对你的心意……

一闪……

2010 Teakwondo

小倩手臂上的伤口……

咚 ·····

烧杯破掉的事有那么重要吗?

你知道小倩的手臂在流血吗?

啊……

你这根本就是在敷衍小倩嘛!

这就是聪明对我发那么大脾气的原因。

嚓 ·····

对不起,

我没办法收下这块金牌……

取下

总算搞定了!

说出来真好!

开心!

石化

全身颤抖……

我完全被搞糊涂了。

这下该怎么办呢?

哈啊……

顿住

你打算再次遗失实验物品吗?

啊!

怎么办啊……该怎么处理这块金牌呢?

再怎么说,小倩是聪明……

喃喃

自语

哒哒哒

我的妈呀!差点又忘了呢!

157

用豆浆观察板块的移动

	实验报告
实验主题	通过豆浆膜，进一步观察构成地表的数个板块的移动现象。
准备物品	❶ 豆浆 ❷ 药匙 2 支 ❸ 热水 ❹ 小水槽 1 个 ❺ 大水槽 1 个 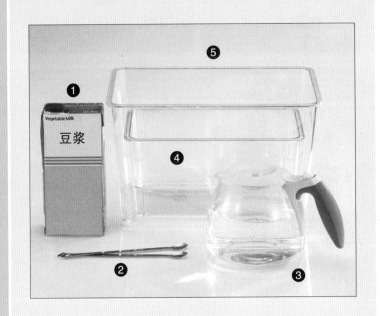
实验预期	通过移动豆浆膜时所产生的薄膜变化，可以看出板块移动的模式。
注意事项	❶ 使用热水时请特别小心，避免被热水烫伤。 ❷ 由于形成的豆浆膜容易下沉或消失，进行实验时请特别留意。 ❸ 在豆浆内放入红茶包，有助于呈现更明显的豆浆膜。

实验方法

❶ 先将豆浆倒入小水槽，约三分之二满。接着将热水倒入大水槽，再将装有豆浆的小水槽放入大水槽。

❷ 当豆浆表面形成薄膜时，利用药匙末端将薄膜划分成两半，并进行观察。

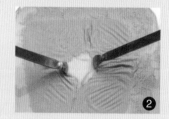

❸ 将一半豆浆膜的一边轻轻推入另一半薄膜的底部后进行观察。

实验结果

❶ 两半薄膜之间生成新的薄膜。

❷ 当把薄膜的一边推入豆浆的底部后，其他部分便会自动持续地推挤进去。

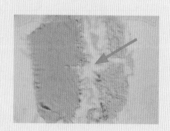

这是什么原理呢?

地球的岩石圈分裂成数个板块，这些板块通过地幔的对流进行缓慢移动。就像当我们把豆浆膜划分成两半时，两者之间会生成新的薄膜一样，在彼此分离的板块间隙处，因岩浆往上攀升，从而形成比周围地形高的洋中脊；另外，就像当豆浆膜彼此相撞时，其中一层薄膜会挤入另一层薄膜的底部一样，当一个板块与其他板块彼此相撞时，就会形成向上隆起或向下凹陷的现象。

合体的一天

咦？
他是……

啊……

范小宇！
你在这里
做什么啊？

所以！

声音通过振动传播……

啊！喂……

天色这么黑，你看得到字吗？

看不到！天色是什么时候变暗的啊？刚才明明还是大白天呢！

吓！

我看你还是回去休息一下好了！

回……回去要小心哟！

沙沙

起身

刘真，你等一下！我一直等你等到现在。

等……等我？为什么？

为什么？当然是有话要跟你说啊！

啪

167

地球的大陆原来是一整块，但后来分为好多的板块。

当这些板块互相碰撞或远离时，其交界点就会发生地震。

嗯？

我的意思是说，就像板块和板块互相碰撞一样，

我们两队互相切磋是在所难免的！

所以，明天我们两个就各自全力以赴吧！

啊……

那我们明天见。

小宇……

那……那是？

小倩，你终于
办到了……

惊吓

哗哗哗

一！

二！

咚

一！

二！

今天的比赛是晋级锦标赛的最后一个关卡！

这么重要的日子！

发飙

为什么只有你们两个人？

其他两位目前正为了一件无聊的事情在吵架。

所以可能会晚一点到。

什么？

吵架？你说小宇和聪明两个人在吵架？

哗 哗 哗 哗

吓！

既然大家都到齐了，我要大家跟着我的动作，

开始做"保持头脑清晰的五分钟体操"！

准备好了吗？

这样真的有助于头脑清晰吗？

哦，好！

嘚

手掌心往下！

转

眼睛看着天花板！

伸直

左脚向前伸直！

敲

敲

我也不太清楚，
这是刘真想要送给你的东西，

我帮你
拿去给他！

啊，不要。

我看他从昨晚开始就一直拿着
它犹豫不决，所以就替他送过
来给你了。

刘真？

对，你也知道他
的胆子很小。

我猜他应该是顾忌到我们，
所以不太敢跟你讲话，而且
怕我们会不谅解他吧！

咔啦

昨天他可是为了帮你
寻找实验物品，连饭
都没有吃呢……

啊？
实验物品？

就是你昨天忘记带去的那些
东西啊！听说他甚至还帮你
找到了你们缺的药品呢……

你不知道吗？

刘真他……

我们是朋友！就是有难同当，有福同享的那种朋友！

结果我反而误会了他……

说来，这或许也是刘真的一项优点吧！

呆……卡啦

我要回去了，我们待会见！

原来暗中在帮助你的人是刘真啊！

啊……

那会是什么呢？

啊！

这个嘛……

嗯？

沙沙作响

沙沙作响

嗯？怎么都是一堆碎纸呢……

等一下！这看起来像是非洲的地图！

这应该是大洋洲的地图。

这样摆在一起的话……

这……这不是世界地图吗？

朋友

小宇

今天的比赛结束之后

我希望依然成为你的

刘真

纸张上面写着文字呢！

上面写着什么呢？

想要知道写着什么，

不，盘古大陆正在合为一体。

啊？

你说各大板块正合为一体？

除了过去的原始大陆以外，盘古大陆已经分裂过至少五次。

起身

目前虽然分裂成六大板块，但再过两亿五千万年以后，它也许会再恢复成一个大陆。

啊……

我拼好了！现在可以看出内容了。

拜两位所赐，我领悟了一个道理。

终于明白了！

就是人可为己，也可为人，绝非必然对立，不能调和……

两者都一样重要！

转头

傻笑

？

地球的构造

地球的实体构造，直到20世纪初人类开始研究地震波之后，才被科学家揭晓。因为地震波的传播速度会随着介质不同而改变，所以可以借此测出地球内部构造的状态，发现地球的内部是由不同物质构成的事实。地球的半径约为6400千米，从地表至中心部位，依次由地壳、地幔、外核、内核所组成，而各层的成分物质皆不相同，并且越靠近内部，其密度和温度越高。

地球内部的构造

5~35km

2900km

5100km

6400km 地心

地壳

覆盖着地表的"地壳"，约占地球总体积的1%，分为大陆地壳与海洋地壳。

地幔

介于地球内部的核心与地壳之间的部位，约占地球总体积的83%。由上层地幔和下层地幔的温度差形成对流运动。

外核

介于地幔与内核之间的部位，呈液体状态，由铁、镍等重金属元素组成。

内核

从距离地壳5100千米处至地球中心的部位，推测呈固体状态，所含成分物质与外核雷同。

地幔对流

　　地幔以距离地壳约650千米深处为界线，分成上地幔和下地幔。在上地幔的软流层中，地幔物质由于热量增加，体积膨胀，产生上升热流；上升的地幔物质遇到地壳底部，随着温度下降，向四周分流又沉降到地幔中。这一过程称为地幔对流。地幔对流会在洋中脊地带形成新的板块，也会在海沟产生板块下沉消亡。

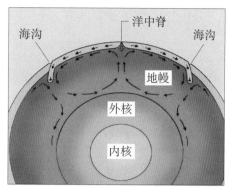

地幔对流　地幔对流是大陆板块漂移的原动力，并促使海底各式各样地形的形成。

板块的移动

　　构成地壳的数个板块通过地幔对流缓慢移动，因而产生各式各样的地壳变动，板块的移动主要产生在板块与板块相互作用的板块交界处。

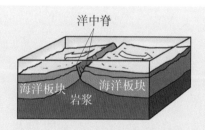

分离型板块边界

主要是薄的海洋板块缝隙流出的岩浆，经过冰冷的海水冷却而生成的。当岩浆在生成的新地壳之间持续喷出时，板块便会逐渐远离，进而形成扩张边界。

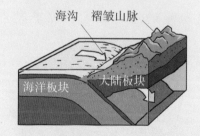

聚合型板块边界

板块与板块相互靠拢时，碰撞地区的边界。当大陆板块相互碰撞时，便会形成如喜马拉雅山脉般的褶皱山脉；当海洋板块之间相互碰撞时，便会形成海沟；而当大陆板块和海洋板块相互碰撞时，就会形成海沟与褶皱山脉。

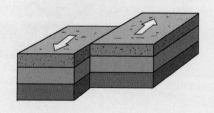

平错型板块边界

两个板块发生水平剪切滑移，没有板块的新生或消亡。美国加利福尼亚州圣安得列斯断层即属于此种边界。

地震的真实面貌

地震是地壳快速释放能量过程中造成的振动。当地震发生时，陆地会晃动，导致建筑物倒塌，造成桥梁与道路中断，甚至形成地面断裂。这样的地震主要发生在板块之间相互碰撞，或者板块以不同方向彼此滑动时。

地震波

地震波具有碰到其他物质时反射或折射的性质，其传播速度也会随着通过物质的种类而有所不同。地震波可分为纵波（P波）、横波（S波）和沿着地表传播的面波（L波）。

地震波的种类	速度	穿透功能
纵波（P波）	最快	可同时穿透地球内部的固体、液体、气体三态物质。
横波（S波）	第二快	仅能穿透地球内部的固体物质。
面波（L波）	最慢	沿着地表传播，造成最大的灾害。

规模与震度

显示地震灾害的等级分为：显示震源所释放能量的地震规模与显示地震灾害程度的震度。地震规模是地震的绝对强度，以里氏为单位。震度是受地震影响的程度。中国采用地震烈度，分为十二级。例如汶川地震的里氏规模是8.0，震中烈度为11度。

天哪，太过瘾了！震度可能达100呢！

火山的真实面貌

地球内部存在着岩石熔化后所生成的高温岩浆，地球内部强大的压力会使岩浆上升，冲破地表，形成火山喷发。火山活动虽然造成巨大的灾害，但也能使地球内部的岩石得以循环，同时火山灰还能使土壤肥沃。

火山的喷发

位于地底50千米至200千米处的岩石，受热后会局部熔化成液态的岩浆。由于岩石熔化后密度变小，因此会向上缓慢攀升，并汇聚在地底10千米至20千米的"岩浆库"中。当累积的压力过高时，岩浆便会流出地表或喷向空中。流出地表的岩浆称为熔岩，喷向空中的则称为火山碎屑物。

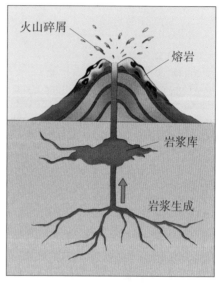

火山的喷发过程

火山的种类

火山都是由火山活动生成，但其形状则各自不同。火山的形状依熔岩的种类和喷发方式而有所不同，其中最具代表性的火山包括盾状火山、锥状火山与钟状火山等。其中，盾状火山扁平低缓，状如平放地上的盾牌，例如夏威夷的莫纳洛亚火山。锥状火山为熔岩和火山碎屑物轮流重叠而形成，并且具有比较大的规模，如我国海南省的马鞍岭。钟状火山（熔岩穹丘）则由于熔岩的黏性比较大，流动性差，呈馒头状，且不具有火山口，如我国台湾省的纱帽山。

锥状火山

钟状火山

盾状火山

图书在版编目（CIP）数据

地震与火山/韩国小熊工作室著;(韩)弘钟贤绘;徐月珠译.一南昌:二十一世纪出版社集团,
2018.11(2025.3重印)

（我的第一本科学漫画书. 科学实验王:升级版;15）

ISBN 978-7-5568-3831-8

Ⅰ.①地… Ⅱ.①韩… ②弘… ③徐… Ⅲ.①地震—少儿读物 ②火山—少儿读物
Ⅳ.①P315.4-49②P317-49

中国版本图书馆CIP数据核字(2018)第234046号

내일은 실험왕15: 지진의 대결
Text Copyright©2010 by Gomdori co.
Illustration Copyright©2010 by Hong Jong-Hyun
Simplified Chinese translation Copyright©2012 by 21st Century Publishing House
This translation was published by arrangement with Mirae N Co., Ltd.(I-seum)
through Jin Yong Song.
All rights reserved.

版权合同登记号：14-2011-580

我的第一本科学漫画书
科学实验王升级版❶❺地震与火山 　[韩] 小熊工作室/著　　[韩] 弘钟贤/绘　　徐月珠/译

责任编辑	杨 华
特约编辑	任 凭
排版制作	北京索彼文化传播中心
出版发行	二十一世纪出版社集团（江西省南昌市子安路75号　330025）
	www.21cccc.com cc21@163.net
出 版 人	刘凯军
经　销	全国各地书店
印　刷	江西千叶彩印有限公司
版　次	2018年11月第1版
印　次	2025年3月第11次印刷
印　数	76001~85000册
开　本	787mm × 1060mm 1/16
印　张	12.75
书　号	ISBN 978-7-5568-3831-8
定　价	35.00元

赣版权登字—04—2018—413

购买本社图书，如有问题请联系我们：扫描封底二维码进入官方服务号。服务电话：010-64462163（工作时
间可拨打）；服务邮箱：21sjcbs@21cccc.com。